Ce livre appartient à

Nom :

Téléphone :

Adresse :

Parfait pour le chef de chantier ou le directeur

Nom du projet :

Contremaître :

N° du projet :

Date :

Jour :

<table>
<tr><td>Visiteurs</td><td>Programme</td></tr>
</table>

## Visiteurs

## Programme

## Problèmes

## Questions de sécurité

## Résumé du travail

Signature :

| Employé | Commerce | Heures | Heures supplémentaires |
|---|---|---|---|
|  |  |  |  |
|  |  |  |  |
|  |  |  |  |
|  |  |  |  |
|  |  |  |  |
|  |  |  |  |
|  |  |  |  |
|  |  |  |  |
|  |  |  |  |
|  |  |  |  |
|  |  |  |  |
|  |  |  |  |
|  |  |  |  |
|  |  |  |  |
|  |  |  |  |
|  |  |  |  |
|  |  |  |  |
|  |  |  |  |
|  |  |  |  |
|  |  |  |  |
|  |  |  |  |
|  |  |  |  |
|  |  |  |  |
|  |  |  |  |
|  |  |  |  |

| Équipement sur place | Nombre d'unités |
| --- | --- |
|  |  |
|  |  |
|  |  |
|  |  |
|  |  |
|  |  |
|  |  |
|  |  |
|  |  |
|  |  |

| Matériaux livrés | Nombre d'unités | Équipement loué | Taux |
| --- | --- | --- | --- |
|  |  |  |  |
|  |  |  |  |
|  |  |  |  |
|  |  |  |  |
|  |  |  |  |
|  |  |  |  |
|  |  |  |  |
|  |  |  |  |
|  |  |  |  |
|  |  |  |  |
|  |  |  |  |
|  |  |  |  |
|  |  |  |  |

# Autres

Notes :

Nom du projet :

N° du projet :

Date :

Contremaître :

Jour :

## Visiteurs

## Programme

## Problèmes

## Questions de sécurité

## Résumé du travail

Signature :

| Employé | Commerce | Heures | Heures supplémentaires |
|---|---|---|---|
|  |  |  |  |
|  |  |  |  |
|  |  |  |  |
|  |  |  |  |
|  |  |  |  |
|  |  |  |  |
|  |  |  |  |
|  |  |  |  |
|  |  |  |  |
|  |  |  |  |
|  |  |  |  |
|  |  |  |  |
|  |  |  |  |
|  |  |  |  |
|  |  |  |  |
|  |  |  |  |
|  |  |  |  |
|  |  |  |  |
|  |  |  |  |
|  |  |  |  |
|  |  |  |  |
|  |  |  |  |
|  |  |  |  |
|  |  |  |  |
|  |  |  |  |
|  |  |  |  |

| Équipement sur place | Nombre d'unités |
| --- | --- |
|  |  |
|  |  |
|  |  |
|  |  |
|  |  |
|  |  |
|  |  |
|  |  |
|  |  |
|  |  |
|  |  |

| Matériaux livrés | Nombre d'unités | Équipement loué | Taux |
| --- | --- | --- | --- |
|  |  |  |  |
|  |  |  |  |
|  |  |  |  |
|  |  |  |  |
|  |  |  |  |
|  |  |  |  |
|  |  |  |  |
|  |  |  |  |
|  |  |  |  |
|  |  |  |  |
|  |  |  |  |
|  |  |  |  |
|  |  |  |  |

## Autres

## Notes :

Nom du projet :

Contremaître :

N° du projet :

Date :

Jour :

## Visiteurs

## Programme

## Problèmes

## Questions de sécurité

## Résumé du travail

Signature :

| Employé | Commerce | Heures | Heures supplémentaires |
|---|---|---|---|
|  |  |  |  |
|  |  |  |  |
|  |  |  |  |
|  |  |  |  |
|  |  |  |  |
|  |  |  |  |
|  |  |  |  |
|  |  |  |  |
|  |  |  |  |
|  |  |  |  |
|  |  |  |  |
|  |  |  |  |
|  |  |  |  |
|  |  |  |  |
|  |  |  |  |
|  |  |  |  |
|  |  |  |  |
|  |  |  |  |
|  |  |  |  |
|  |  |  |  |
|  |  |  |  |
|  |  |  |  |
|  |  |  |  |
|  |  |  |  |
|  |  |  |  |
|  |  |  |  |
|  |  |  |  |

| Équipement sur place | Nombre d'unités |
| --- | --- |
|  |  |
|  |  |
|  |  |
|  |  |
|  |  |
|  |  |
|  |  |
|  |  |
|  |  |
|  |  |
|  |  |

| Matériaux livrés | Nombre d'unités | Équipement loué | Taux |
| --- | --- | --- | --- |
|  |  |  |  |
|  |  |  |  |
|  |  |  |  |
|  |  |  |  |
|  |  |  |  |
|  |  |  |  |
|  |  |  |  |
|  |  |  |  |
|  |  |  |  |
|  |  |  |  |
|  |  |  |  |
|  |  |  |  |
|  |  |  |  |

<table>
<tr><th>Autres</th></tr>
</table>

Notes :

Nom du projet :

Contremaître :

N° du projet :

Date :

Jour :

## Visiteurs

## Programme

## Problèmes

## Questions de sécurité

## Résumé du travail

Signature :

| Employé | Commerce | Heures | Heures supplémentaires |
|---|---|---|---|
|  |  |  |  |
|  |  |  |  |
|  |  |  |  |
|  |  |  |  |
|  |  |  |  |
|  |  |  |  |
|  |  |  |  |
|  |  |  |  |
|  |  |  |  |
|  |  |  |  |
|  |  |  |  |
|  |  |  |  |
|  |  |  |  |
|  |  |  |  |
|  |  |  |  |
|  |  |  |  |
|  |  |  |  |
|  |  |  |  |
|  |  |  |  |
|  |  |  |  |
|  |  |  |  |
|  |  |  |  |
|  |  |  |  |
|  |  |  |  |
|  |  |  |  |
|  |  |  |  |
|  |  |  |  |
|  |  |  |  |

| Équipement sur place | Nombre d'unités |
| --- | --- |
|  |  |
|  |  |
|  |  |
|  |  |
|  |  |
|  |  |
|  |  |
|  |  |
|  |  |
|  |  |
|  |  |

| Matériaux livrés | Nombre d'unités | Équipement loué | Taux |
| --- | --- | --- | --- |
|  |  |  |  |
|  |  |  |  |
|  |  |  |  |
|  |  |  |  |
|  |  |  |  |
|  |  |  |  |
|  |  |  |  |
|  |  |  |  |
|  |  |  |  |
|  |  |  |  |
|  |  |  |  |
|  |  |  |  |
|  |  |  |  |

<table><tr><th>Autres</th></tr></table>

Notes :

Nom du projet :

N° du projet :

Date :

Contremaître :

Jour :

<table>
<tr><td>Visiteurs</td><td>Programme</td></tr>
</table>

<table>
<tr><td>Problèmes</td><td>Questions de sécurité</td></tr>
</table>

Résumé du travail

Signature :

| Employé | Commerce | Heures | Heures supplémentaires |
|---|---|---|---|
|  |  |  |  |
|  |  |  |  |
|  |  |  |  |
|  |  |  |  |
|  |  |  |  |
|  |  |  |  |
|  |  |  |  |
|  |  |  |  |
|  |  |  |  |
|  |  |  |  |
|  |  |  |  |
|  |  |  |  |
|  |  |  |  |
|  |  |  |  |
|  |  |  |  |
|  |  |  |  |
|  |  |  |  |
|  |  |  |  |
|  |  |  |  |
|  |  |  |  |
|  |  |  |  |
|  |  |  |  |
|  |  |  |  |
|  |  |  |  |
|  |  |  |  |

| Équipement sur place | Nombre d'unités |
| --- | --- |
|  |  |
|  |  |
|  |  |
|  |  |
|  |  |
|  |  |
|  |  |
|  |  |
|  |  |
|  |  |
|  |  |

| Matériaux livrés | Nombre d'unités | Équipement loué | Taux |
| --- | --- | --- | --- |
|  |  |  |  |
|  |  |  |  |
|  |  |  |  |
|  |  |  |  |
|  |  |  |  |
|  |  |  |  |
|  |  |  |  |
|  |  |  |  |
|  |  |  |  |
|  |  |  |  |
|  |  |  |  |
|  |  |  |  |
|  |  |  |  |
|  |  |  |  |

| Autres |
| --- |
|  |

Notes :

Nom du projet :

Contremaître :

N° du projet :

Date :

Jour :

| Visiteurs | Programme |
| --- | --- |

| Problèmes | Questions de sécurité |
| --- | --- |

## Résumé du travail

Signature :

| Employé | Commerce | Heures | Heures supplémentaires |
| --- | --- | --- | --- |
|  |  |  |  |
|  |  |  |  |
|  |  |  |  |
|  |  |  |  |
|  |  |  |  |
|  |  |  |  |
|  |  |  |  |
|  |  |  |  |
|  |  |  |  |
|  |  |  |  |
|  |  |  |  |
|  |  |  |  |
|  |  |  |  |
|  |  |  |  |
|  |  |  |  |
|  |  |  |  |
|  |  |  |  |
|  |  |  |  |
|  |  |  |  |
|  |  |  |  |
|  |  |  |  |
|  |  |  |  |
|  |  |  |  |
|  |  |  |  |
|  |  |  |  |
|  |  |  |  |
|  |  |  |  |

| Équipement sur place | Nombre d'unités |
| --- | --- |
|  |  |
|  |  |
|  |  |
|  |  |
|  |  |
|  |  |
|  |  |
|  |  |
|  |  |
|  |  |

| Matériaux livrés | Nombre d'unités | Équipement loué | Taux |
| --- | --- | --- | --- |
|  |  |  |  |
|  |  |  |  |
|  |  |  |  |
|  |  |  |  |
|  |  |  |  |
|  |  |  |  |
|  |  |  |  |
|  |  |  |  |
|  |  |  |  |
|  |  |  |  |
|  |  |  |  |
|  |  |  |  |
|  |  |  |  |

Notes :

Nom du projet :

Contremaître :

N° du projet :

Date :

Jour :

| Visiteurs | Programme |
|---|---|

| Problèmes | Questions de sécurité |
|---|---|

**Résumé du travail**

Signature :

| Employé | Commerce | Heures | Heures supplémentaires |
|---|---|---|---|
|  |  |  |  |
|  |  |  |  |
|  |  |  |  |
|  |  |  |  |
|  |  |  |  |
|  |  |  |  |
|  |  |  |  |
|  |  |  |  |
|  |  |  |  |
|  |  |  |  |
|  |  |  |  |
|  |  |  |  |
|  |  |  |  |
|  |  |  |  |
|  |  |  |  |
|  |  |  |  |
|  |  |  |  |
|  |  |  |  |
|  |  |  |  |
|  |  |  |  |
|  |  |  |  |
|  |  |  |  |
|  |  |  |  |
|  |  |  |  |
|  |  |  |  |
|  |  |  |  |
|  |  |  |  |
|  |  |  |  |
|  |  |  |  |
|  |  |  |  |

| Équipement sur place | Nombre d'unités |
| --- | --- |
|  |  |
|  |  |
|  |  |
|  |  |
|  |  |
|  |  |
|  |  |
|  |  |
|  |  |
|  |  |
|  |  |

| Matériaux livrés | Nombre d'unités | Équipement loué | Taux |
| --- | --- | --- | --- |
|  |  |  |  |
|  |  |  |  |
|  |  |  |  |
|  |  |  |  |
|  |  |  |  |
|  |  |  |  |
|  |  |  |  |
|  |  |  |  |
|  |  |  |  |
|  |  |  |  |
|  |  |  |  |
|  |  |  |  |
|  |  |  |  |

# Autres

## Notes :

Nom du projet :

Contremaître :

N° du projet :

Date :

Jour :

| Visiteurs | Programme |
| --- | --- |
|  |  |

| Problèmes | Questions de sécurité |
| --- | --- |
|  |  |

Résumé du travail

Signature :

| Employé | Commerce | Heures | Heures supplémentaires |
|---|---|---|---|
|  |  |  |  |
|  |  |  |  |
|  |  |  |  |
|  |  |  |  |
|  |  |  |  |
|  |  |  |  |
|  |  |  |  |
|  |  |  |  |
|  |  |  |  |
|  |  |  |  |
|  |  |  |  |
|  |  |  |  |
|  |  |  |  |
|  |  |  |  |
|  |  |  |  |
|  |  |  |  |
|  |  |  |  |
|  |  |  |  |
|  |  |  |  |
|  |  |  |  |
|  |  |  |  |
|  |  |  |  |
|  |  |  |  |
|  |  |  |  |
|  |  |  |  |

| Équipement sur place | Nombre d'unités |
| --- | --- |
|  |  |
|  |  |
|  |  |
|  |  |
|  |  |
|  |  |
|  |  |
|  |  |
|  |  |
|  |  |
|  |  |

| Matériaux livrés | Nombre d'unités | Équipement loué | Taux |
| --- | --- | --- | --- |
|  |  |  |  |
|  |  |  |  |
|  |  |  |  |
|  |  |  |  |
|  |  |  |  |
|  |  |  |  |
|  |  |  |  |
|  |  |  |  |
|  |  |  |  |
|  |  |  |  |
|  |  |  |  |
|  |  |  |  |
|  |  |  |  |
|  |  |  |  |

<table>
<tr><th>Autres</th></tr>
</table>

Notes :

Nom du projet :

Contremaître :

N° du projet :

Date :

Jour :

|  |
| --- |
| Visiteurs |

|  |
| --- |
| Programme |

|  |
| --- |
| Problèmes |

|  |
| --- |
| Questions de sécurité |

|  |
| --- |
| Résumé du travail |

Signature :

| Employé | Commerce | Heures | Heures supplémentaires |
|---|---|---|---|
|  |  |  |  |
|  |  |  |  |
|  |  |  |  |
|  |  |  |  |
|  |  |  |  |
|  |  |  |  |
|  |  |  |  |
|  |  |  |  |
|  |  |  |  |
|  |  |  |  |
|  |  |  |  |
|  |  |  |  |
|  |  |  |  |
|  |  |  |  |
|  |  |  |  |
|  |  |  |  |
|  |  |  |  |
|  |  |  |  |
|  |  |  |  |
|  |  |  |  |
| Employé | Commerce | Heures | Heures supplémentaires |
|  |  |  |  |
|  |  |  |  |
|  |  |  |  |
|  |  |  |  |

| Équipement sur place | Nombre d'unités |
| --- | --- |
|  |  |
|  |  |
|  |  |
|  |  |
|  |  |
|  |  |
|  |  |
|  |  |
|  |  |
|  |  |

| Matériaux livrés | Nombre d'unités | Équipement loué | Taux |
| --- | --- | --- | --- |
|  |  |  |  |
|  |  |  |  |
|  |  |  |  |
|  |  |  |  |
|  |  |  |  |
|  |  |  |  |
|  |  |  |  |
|  |  |  |  |
|  |  |  |  |
|  |  |  |  |
|  |  |  |  |
|  |  |  |  |
|  |  |  |  |

## Autres

Notes :

Nom du projet :

Contremaître :

| N° du projet : |
| Date : |
| Jour : |

| Visiteurs | Programme |

| Problèmes | Questions de sécurité |

Résumé du travail

Signature :

| Employé | Commerce | Heures | Heures supplémentaires |
| --- | --- | --- | --- |
|  |  |  |  |
|  |  |  |  |
|  |  |  |  |
|  |  |  |  |
|  |  |  |  |
|  |  |  |  |
|  |  |  |  |
|  |  |  |  |
|  |  |  |  |
|  |  |  |  |
|  |  |  |  |
|  |  |  |  |
|  |  |  |  |
|  |  |  |  |
|  |  |  |  |
|  |  |  |  |
|  |  |  |  |
|  |  |  |  |
|  |  |  |  |
| Employé | Commerce | Heures | Heures supplémentaires |
|  |  |  |  |
|  |  |  |  |
|  |  |  |  |
|  |  |  |  |

| Équipement sur place | Nombre d'unités |
| --- | --- |
|  |  |
|  |  |
|  |  |
|  |  |
|  |  |
|  |  |
|  |  |
|  |  |
|  |  |
|  |  |
|  |  |

| Matériaux livrés | Nombre d'unités | Équipement loué | Taux |
| --- | --- | --- | --- |
|  |  |  |  |
|  |  |  |  |
|  |  |  |  |
|  |  |  |  |
|  |  |  |  |
|  |  |  |  |
|  |  |  |  |
|  |  |  |  |
|  |  |  |  |
|  |  |  |  |
|  |  |  |  |
|  |  |  |  |
|  |  |  |  |

Autres

Notes :

Nom du projet :

Contremaître :

N° du projet :

Date :

Jour :

|  |  |
| --- | --- |
| **Visiteurs** | **Programme** |

|  |  |
| --- | --- |
| **Problèmes** | Questions de sécurité |

**Résumé du travail**

Signature :

| Employé | Commerce | Heures | Heures supplémentaires |
|---|---|---|---|
|  |  |  |  |
|  |  |  |  |
|  |  |  |  |
|  |  |  |  |
|  |  |  |  |
|  |  |  |  |
|  |  |  |  |
|  |  |  |  |
|  |  |  |  |
|  |  |  |  |
|  |  |  |  |
|  |  |  |  |
|  |  |  |  |
|  |  |  |  |
|  |  |  |  |
|  |  |  |  |
|  |  |  |  |
|  |  |  |  |
|  |  |  |  |
|  |  |  |  |
|  |  |  |  |
|  |  |  |  |
|  |  |  |  |
|  |  |  |  |
|  |  |  |  |
|  |  |  |  |
|  |  |  |  |
|  |  |  |  |

| Équipement sur place | Nombre d'unités |
| --- | --- |
|  |  |
|  |  |
|  |  |
|  |  |
|  |  |
|  |  |
|  |  |
|  |  |
|  |  |
|  |  |
|  |  |

| Matériaux livrés | Nombre d'unités | Équipement loué | Taux |
| --- | --- | --- | --- |
|  |  |  |  |
|  |  |  |  |
|  |  |  |  |
|  |  |  |  |
|  |  |  |  |
|  |  |  |  |
|  |  |  |  |
|  |  |  |  |
|  |  |  |  |
|  |  |  |  |
|  |  |  |  |
|  |  |  |  |
|  |  |  |  |
|  |  |  |  |

Autres

Notes :

Nom du projet :

Contremaître :

N° du projet :

Date :

Jour :

## Visiteurs

## Programme

## Problèmes

## Questions de sécurité

## Résumé du travail

Signature :

| Employé | Commerce | Heures | Heures supplémentaires |
|---|---|---|---|
|  |  |  |  |
|  |  |  |  |
|  |  |  |  |
|  |  |  |  |
|  |  |  |  |
|  |  |  |  |
|  |  |  |  |
|  |  |  |  |
|  |  |  |  |
|  |  |  |  |
|  |  |  |  |
|  |  |  |  |
|  |  |  |  |
|  |  |  |  |
|  |  |  |  |
|  |  |  |  |
|  |  |  |  |
|  |  |  |  |
|  |  |  |  |
|  |  |  |  |
| Employé | Commerce | Heures | Heures supplémentaires |
|  |  |  |  |
|  |  |  |  |
|  |  |  |  |
|  |  |  |  |

| Équipement sur place | Nombre d'unités |
| --- | --- |
|  |  |
|  |  |
|  |  |
|  |  |
|  |  |
|  |  |
|  |  |
|  |  |
|  |  |
|  |  |
|  |  |

| Matériaux livrés | Nombre d'unités | Équipement loué | Taux |
| --- | --- | --- | --- |
|  |  |  |  |
|  |  |  |  |
|  |  |  |  |
|  |  |  |  |
|  |  |  |  |
|  |  |  |  |
|  |  |  |  |
|  |  |  |  |
|  |  |  |  |
|  |  |  |  |
|  |  |  |  |
|  |  |  |  |
|  |  |  |  |

| Autres |
| --- |
|  |

Notes :

Nom du projet :

Contremaître :

N° du projet :

Date :

Jour :

|  |
| --- |
| Visiteurs |

|  |
| --- |
| Programme |

|  |
| --- |
| Problèmes |

Questions de sécurité

|  |
| --- |
| Résumé du travail |

Signature :

| Employé | Commerce | Heures | Heures supplémentaires |
|---|---|---|---|
|  |  |  |  |
|  |  |  |  |
|  |  |  |  |
|  |  |  |  |
|  |  |  |  |
|  |  |  |  |
|  |  |  |  |
|  |  |  |  |
|  |  |  |  |
|  |  |  |  |
|  |  |  |  |
|  |  |  |  |
|  |  |  |  |
|  |  |  |  |
|  |  |  |  |
|  |  |  |  |
|  |  |  |  |
|  |  |  |  |
|  |  |  |  |
|  |  |  |  |
|  |  |  |  |
| Employé | Commerce | Heures | Heures supplémentaires |
|  |  |  |  |
|  |  |  |  |
|  |  |  |  |
|  |  |  |  |

| Équipement sur place | Nombre d'unités |
| --- | --- |
|  |  |
|  |  |
|  |  |
|  |  |
|  |  |
|  |  |
|  |  |
|  |  |
|  |  |
|  |  |
|  |  |

| Matériaux livrés | Nombre d'unités | Équipement loué | Taux |
| --- | --- | --- | --- |
|  |  |  |  |
|  |  |  |  |
|  |  |  |  |
|  |  |  |  |
|  |  |  |  |
|  |  |  |  |
|  |  |  |  |
|  |  |  |  |
|  |  |  |  |
|  |  |  |  |
|  |  |  |  |
|  |  |  |  |
|  |  |  |  |
|  |  |  |  |

<table>
<tr><th>Autres</th></tr>
</table>

Notes :

Nom du projet :

Contremaître :

N° du projet :

Date :

Jour :

| Visiteurs | Programme |
|---|---|

| Problèmes | Questions de sécurité |
|---|---|

## Résumé du travail

Signature :

| Employé | Commerce | Heures | Heures supplémentaires |
|---|---|---|---|
|  |  |  |  |
|  |  |  |  |
|  |  |  |  |
|  |  |  |  |
|  |  |  |  |
|  |  |  |  |
|  |  |  |  |
|  |  |  |  |
|  |  |  |  |
|  |  |  |  |
|  |  |  |  |
|  |  |  |  |
|  |  |  |  |
|  |  |  |  |
|  |  |  |  |
|  |  |  |  |
|  |  |  |  |
|  |  |  |  |
|  |  |  |  |
|  |  |  |  |
|  |  |  |  |
|  |  |  |  |
|  |  |  |  |
|  |  |  |  |
|  |  |  |  |
|  |  |  |  |
|  |  |  |  |

| Équipement sur place | Nombre d'unités |
| --- | --- |
|  |  |
|  |  |
|  |  |
|  |  |
|  |  |
|  |  |
|  |  |
|  |  |
|  |  |
|  |  |
|  |  |

| Matériaux livrés | Nombre d'unités | Équipement loué | Taux |
| --- | --- | --- | --- |
|  |  |  |  |
|  |  |  |  |
|  |  |  |  |
|  |  |  |  |
|  |  |  |  |
|  |  |  |  |
|  |  |  |  |
|  |  |  |  |
|  |  |  |  |
|  |  |  |  |
|  |  |  |  |
|  |  |  |  |
|  |  |  |  |

<table>
<tr><td align="center">Autres</td></tr>
</table>

**Notes :**

| Nom du projet : | N° du projet : |
| --- | --- |
| | Date : |
| Contremaître : | Jour : |

| Visiteurs | Programme |
| --- | --- |
| | |

| Problèmes | Questions de sécurité |
| --- | --- |
| | |

| Résumé du travail |
| --- |
| |

Signature :

| Employé | Commerce | Heures | Heures supplémentaires |
|---|---|---|---|
|  |  |  |  |
|  |  |  |  |
|  |  |  |  |
|  |  |  |  |
|  |  |  |  |
|  |  |  |  |
|  |  |  |  |
|  |  |  |  |
|  |  |  |  |
|  |  |  |  |
|  |  |  |  |
|  |  |  |  |
|  |  |  |  |
|  |  |  |  |
|  |  |  |  |
|  |  |  |  |
|  |  |  |  |
|  |  |  |  |
|  |  |  |  |

| Employé | Commerce | Heures | Heures supplémentaires |
|---|---|---|---|
|  |  |  |  |
|  |  |  |  |
|  |  |  |  |
|  |  |  |  |

| Équipement sur place | Nombre d'unités |
| --- | --- |
|  |  |
|  |  |
|  |  |
|  |  |
|  |  |
|  |  |
|  |  |
|  |  |
|  |  |
|  |  |

| Matériaux livrés | Nombre d'unités | Équipement loué | Taux |
| --- | --- | --- | --- |
|  |  |  |  |
|  |  |  |  |
|  |  |  |  |
|  |  |  |  |
|  |  |  |  |
|  |  |  |  |
|  |  |  |  |
|  |  |  |  |
|  |  |  |  |
|  |  |  |  |
|  |  |  |  |
|  |  |  |  |
|  |  |  |  |

| Autres |
| --- |
|  |

Notes :

Nom du projet :

Contremaître :

N° du projet :

Date :

Jour :

| Visiteurs | Programme |
|---|---|
|  |  |

| Problèmes | Questions de sécurité |
|---|---|
|  |  |

## Résumé du travail

Signature :

| Employé | Commerce | Heures | Heures supplémentaires |
|---|---|---|---|
|  |  |  |  |
|  |  |  |  |
|  |  |  |  |
|  |  |  |  |
|  |  |  |  |
|  |  |  |  |
|  |  |  |  |
|  |  |  |  |
|  |  |  |  |
|  |  |  |  |
|  |  |  |  |
|  |  |  |  |
|  |  |  |  |
|  |  |  |  |
|  |  |  |  |
|  |  |  |  |
|  |  |  |  |
|  |  |  |  |
|  |  |  |  |
|  |  |  |  |
|  |  |  |  |
|  |  |  |  |
|  |  |  |  |
|  |  |  |  |
|  |  |  |  |
|  |  |  |  |
|  |  |  |  |
|  |  |  |  |
|  |  |  |  |
|  |  |  |  |
|  |  |  |  |
|  |  |  |  |
|  |  |  |  |

| Équipement sur place | Nombre d'unités |
| --- | --- |
|  |  |
|  |  |
|  |  |
|  |  |
|  |  |
|  |  |
|  |  |
|  |  |
|  |  |
|  |  |
|  |  |

| Matériaux livrés | Nombre d'unités | Équipement loué | Taux |
| --- | --- | --- | --- |
|  |  |  |  |
|  |  |  |  |
|  |  |  |  |
|  |  |  |  |
|  |  |  |  |
|  |  |  |  |
|  |  |  |  |
|  |  |  |  |
|  |  |  |  |
|  |  |  |  |
|  |  |  |  |
|  |  |  |  |
|  |  |  |  |
|  |  |  |  |

# Autres

Notes :

Nom du projet :

N° du projet :

Date :

Contremaître :

Jour :

| Visiteurs | Programme |
|---|---|

| Problèmes | Questions de sécurité |
|---|---|

## Résumé du travail

Signature :

| Employé | Commerce | Heures | Heures supplémentaires |
|---|---|---|---|
|  |  |  |  |
|  |  |  |  |
|  |  |  |  |
|  |  |  |  |
|  |  |  |  |
|  |  |  |  |
|  |  |  |  |
|  |  |  |  |
|  |  |  |  |
|  |  |  |  |
|  |  |  |  |
|  |  |  |  |
|  |  |  |  |
|  |  |  |  |
|  |  |  |  |
|  |  |  |  |
|  |  |  |  |
|  |  |  |  |
|  |  |  |  |
|  |  |  |  |
|  |  |  |  |
|  |  |  |  |
|  |  |  |  |
|  |  |  |  |
|  |  |  |  |
|  |  |  |  |

| Équipement sur place | Nombre d'unités |
|---|---|
|  |  |
|  |  |
|  |  |
|  |  |
|  |  |
|  |  |
|  |  |
|  |  |
|  |  |
|  |  |
|  |  |

| Matériaux livrés | Nombre d'unités | Équipement loué | Taux |
|---|---|---|---|
|  |  |  |  |
|  |  |  |  |
|  |  |  |  |
|  |  |  |  |
|  |  |  |  |
|  |  |  |  |
|  |  |  |  |
|  |  |  |  |
|  |  |  |  |
|  |  |  |  |
|  |  |  |  |
|  |  |  |  |
|  |  |  |  |

# Autres

Notes :

Nom du projet :

Contremaître :

N° du projet :

Date :

Jour :

## Visiteurs

## Programme

## Problèmes

Questions de sécurité

## Résumé du travail

Signature :

| Employé | Commerce | Heures | Heures supplémentaires |
| --- | --- | --- | --- |
|  |  |  |  |
|  |  |  |  |
|  |  |  |  |
|  |  |  |  |
|  |  |  |  |
|  |  |  |  |
|  |  |  |  |
|  |  |  |  |
|  |  |  |  |
|  |  |  |  |
|  |  |  |  |
|  |  |  |  |
|  |  |  |  |
|  |  |  |  |
|  |  |  |  |
|  |  |  |  |
|  |  |  |  |
|  |  |  |  |
|  |  |  |  |
|  |  |  |  |
| Employé | Commerce | Heures | Heures supplémentaires |
|  |  |  |  |
|  |  |  |  |
|  |  |  |  |
|  |  |  |  |

| Équipement sur place | Nombre d'unités |
| --- | --- |
|  |  |
|  |  |
|  |  |
|  |  |
|  |  |
|  |  |
|  |  |
|  |  |
|  |  |
|  |  |
|  |  |

| Matériaux livrés | Nombre d'unités | Équipement loué | Taux |
| --- | --- | --- | --- |
|  |  |  |  |
|  |  |  |  |
|  |  |  |  |
|  |  |  |  |
|  |  |  |  |
|  |  |  |  |
|  |  |  |  |
|  |  |  |  |
|  |  |  |  |
|  |  |  |  |
|  |  |  |  |
|  |  |  |  |
|  |  |  |  |

# Autres

Notes :

Nom du projet :

Contremaître :

N° du projet :

Date :

Jour :

## Visiteurs

## Programme

## Problèmes

Questions de sécurité

## Résumé du travail

Signature :

| Employé | Commerce | Heures | Heures supplémentaires |
| --- | --- | --- | --- |
|  |  |  |  |
|  |  |  |  |
|  |  |  |  |
|  |  |  |  |
|  |  |  |  |
|  |  |  |  |
|  |  |  |  |
|  |  |  |  |
|  |  |  |  |
|  |  |  |  |
|  |  |  |  |
|  |  |  |  |
|  |  |  |  |
|  |  |  |  |
|  |  |  |  |
|  |  |  |  |
|  |  |  |  |
|  |  |  |  |
|  |  |  |  |
|  |  |  |  |
|  |  |  |  |

| Employé | Commerce | Heures | Heures supplémentaires |
| --- | --- | --- | --- |
|  |  |  |  |
|  |  |  |  |
|  |  |  |  |
|  |  |  |  |

| Équipement sur place | Nombre d'unités |
| --- | --- |
|  |  |
|  |  |
|  |  |
|  |  |
|  |  |
|  |  |
|  |  |
|  |  |
|  |  |
|  |  |
|  |  |

| Matériaux livrés | Nombre d'unités | Équipement loué | Taux |
| --- | --- | --- | --- |
|  |  |  |  |
|  |  |  |  |
|  |  |  |  |
|  |  |  |  |
|  |  |  |  |
|  |  |  |  |
|  |  |  |  |
|  |  |  |  |
|  |  |  |  |
|  |  |  |  |
|  |  |  |  |
|  |  |  |  |
|  |  |  |  |

# Autres

Notes :

Nom du projet :

Contremaître :

| N° du projet : |
| Date : |
| Jour : |

| Visiteurs | Programme |

| Problèmes | Questions de sécurité |

| Résumé du travail |

Signature :

| Employé | Commerce | Heures | Heures supplémentaires |
|---|---|---|---|
|  |  |  |  |
|  |  |  |  |
|  |  |  |  |
|  |  |  |  |
|  |  |  |  |
|  |  |  |  |
|  |  |  |  |
|  |  |  |  |
|  |  |  |  |
|  |  |  |  |
|  |  |  |  |
|  |  |  |  |
|  |  |  |  |
|  |  |  |  |
|  |  |  |  |
|  |  |  |  |
|  |  |  |  |
|  |  |  |  |
|  |  |  |  |
|  |  |  |  |
|  |  |  |  |
|  |  |  |  |

| Employé | Commerce | Heures | Heures supplémentaires |
|---|---|---|---|
|  |  |  |  |
|  |  |  |  |
|  |  |  |  |
|  |  |  |  |
|  |  |  |  |

| Équipement sur place | Nombre d'unités |
| --- | --- |
|  |  |
|  |  |
|  |  |
|  |  |
|  |  |
|  |  |
|  |  |
|  |  |
|  |  |
|  |  |

| Matériaux livrés | Nombre d'unités | Équipement loué | Taux |
| --- | --- | --- | --- |
|  |  |  |  |
|  |  |  |  |
|  |  |  |  |
|  |  |  |  |
|  |  |  |  |
|  |  |  |  |
|  |  |  |  |
|  |  |  |  |
|  |  |  |  |
|  |  |  |  |
|  |  |  |  |
|  |  |  |  |
|  |  |  |  |

<table>
<tr><th>Autres</th></tr>
</table>

Notes :

Nom du projet :

Contremaître :

N° du projet :

Date :

Jour :

| Visiteurs | Programme |
|---|---|

| Problèmes | Questions de sécurité |
|---|---|

## Résumé du travail

Signature :

| Employé | Commerce | Heures | Heures supplémentaires |
| --- | --- | --- | --- |
|  |  |  |  |
|  |  |  |  |
|  |  |  |  |
|  |  |  |  |
|  |  |  |  |
|  |  |  |  |
|  |  |  |  |
|  |  |  |  |
|  |  |  |  |
|  |  |  |  |
|  |  |  |  |
|  |  |  |  |
|  |  |  |  |
|  |  |  |  |
|  |  |  |  |
|  |  |  |  |
|  |  |  |  |
|  |  |  |  |
|  |  |  |  |
|  |  |  |  |
|  |  |  |  |
|  |  |  |  |
|  |  |  |  |
|  |  |  |  |
|  |  |  |  |
|  |  |  |  |
|  |  |  |  |
|  |  |  |  |
|  |  |  |  |

| Équipement sur place | Nombre d'unités |
| --- | --- |
|  |  |
|  |  |
|  |  |
|  |  |
|  |  |
|  |  |
|  |  |
|  |  |
|  |  |
|  |  |
|  |  |

| Matériaux livrés | Nombre d'unités | Équipement loué | Taux |
| --- | --- | --- | --- |
|  |  |  |  |
|  |  |  |  |
|  |  |  |  |
|  |  |  |  |
|  |  |  |  |
|  |  |  |  |
|  |  |  |  |
|  |  |  |  |
|  |  |  |  |
|  |  |  |  |
|  |  |  |  |
|  |  |  |  |
|  |  |  |  |

# Autres

Notes :

Nom du projet :

Contremaître :

N° du projet :

Date :

Jour :

| Visiteurs |
| --- |
| |

| Programme |
| --- |
| |

| Problèmes |
| --- |
| |

| Questions de sécurité |
| --- |
| |

| Résumé du travail |
| --- |
| |

Signature :

| Employé | Commerce | Heures | Heures supplémentaires |
|---|---|---|---|
| | | | |
| | | | |
| | | | |
| | | | |
| | | | |
| | | | |
| | | | |
| | | | |
| | | | |
| | | | |
| | | | |
| | | | |
| | | | |
| | | | |
| | | | |
| | | | |
| | | | |
| | | | |
| | | | |
| | | | |
| Employé | Commerce | Heures | Heures supplémentaires |
| | | | |
| | | | |
| | | | |
| | | | |

| Équipement sur place | Nombre d'unités |
| --- | --- |
|  |  |
|  |  |
|  |  |
|  |  |
|  |  |
|  |  |
|  |  |
|  |  |
|  |  |
|  |  |
|  |  |

| Matériaux livrés | Nombre d'unités | Équipement loué | Taux |
| --- | --- | --- | --- |
|  |  |  |  |
|  |  |  |  |
|  |  |  |  |
|  |  |  |  |
|  |  |  |  |
|  |  |  |  |
|  |  |  |  |
|  |  |  |  |
|  |  |  |  |
|  |  |  |  |
|  |  |  |  |
|  |  |  |  |
|  |  |  |  |

<table>
<tr><th>Autres</th></tr>
</table>

Notes :

Nom du projet :

N° du projet :

Date :

Contremaître :

Jour :

| Visiteurs | Programme |
| --- | --- |
| | |

| Problèmes | Questions de sécurité |
| --- | --- |
| | |

Résumé du travail

Signature :

| Employé | Commerce | Heures | Heures supplémentaires |
|---|---|---|---|
|  |  |  |  |
|  |  |  |  |
|  |  |  |  |
|  |  |  |  |
|  |  |  |  |
|  |  |  |  |
|  |  |  |  |
|  |  |  |  |
|  |  |  |  |
|  |  |  |  |
|  |  |  |  |
|  |  |  |  |
|  |  |  |  |
|  |  |  |  |
|  |  |  |  |
|  |  |  |  |
|  |  |  |  |
|  |  |  |  |
|  |  |  |  |
|  |  |  |  |
|  |  |  |  |

| Employé | Commerce | Heures | Heures supplémentaires |
|---|---|---|---|
|  |  |  |  |
|  |  |  |  |
|  |  |  |  |
|  |  |  |  |

| Équipement sur place | Nombre d'unités |
| --- | --- |
|  |  |
|  |  |
|  |  |
|  |  |
|  |  |
|  |  |
|  |  |
|  |  |
|  |  |
|  |  |
|  |  |

| Matériaux livrés | Nombre d'unités | Équipement loué | Taux |
| --- | --- | --- | --- |
|  |  |  |  |
|  |  |  |  |
|  |  |  |  |
|  |  |  |  |
|  |  |  |  |
|  |  |  |  |
|  |  |  |  |
|  |  |  |  |
|  |  |  |  |
|  |  |  |  |
|  |  |  |  |
|  |  |  |  |
|  |  |  |  |

Autres

Notes :

Nom du projet :

Contremaître :

N° du projet :

Date :

Jour :

|  Visiteurs  |
| --- |

|  Programme  |
| --- |

|  Problèmes  |
| --- |

|  Questions de sécurité  |
| --- |

|  Résumé du travail  |
| --- |

Signature :

| Employé | Commerce | Heures | Heures supplémentaires |
|---------|----------|--------|------------------------|
|         |          |        |                        |
|         |          |        |                        |
|         |          |        |                        |
|         |          |        |                        |
|         |          |        |                        |
|         |          |        |                        |
|         |          |        |                        |
|         |          |        |                        |
|         |          |        |                        |
|         |          |        |                        |
|         |          |        |                        |
|         |          |        |                        |
|         |          |        |                        |
|         |          |        |                        |
|         |          |        |                        |
|         |          |        |                        |
|         |          |        |                        |
|         |          |        |                        |
|         |          |        |                        |
|         |          |        |                        |
|         |          |        |                        |
|         |          |        |                        |
|         |          |        |                        |
|         |          |        |                        |
|         |          |        |                        |
|         |          |        |                        |

| Équipement sur place | Nombre d'unités |
| --- | --- |
|  |  |
|  |  |
|  |  |
|  |  |
|  |  |
|  |  |
|  |  |
|  |  |
|  |  |
|  |  |

| Matériaux livrés | Nombre d'unités | Équipement loué | Taux |
| --- | --- | --- | --- |
|  |  |  |  |
|  |  |  |  |
|  |  |  |  |
|  |  |  |  |
|  |  |  |  |
|  |  |  |  |
|  |  |  |  |
|  |  |  |  |
|  |  |  |  |
|  |  |  |  |
|  |  |  |  |
|  |  |  |  |
|  |  |  |  |

<table><tr><td align="center">Autres</td></tr></table>

Notes :

Nom du projet :

Contremaître :

N° du projet :

Date :

Jour :

| Visiteurs | Programme |
|---|---|

| Problèmes | Questions de sécurité |
|---|---|

Résumé du travail

Signature :

| Employé | Commerce | Heures | Heures supplémentaires |
|---|---|---|---|
|  |  |  |  |
|  |  |  |  |
|  |  |  |  |
|  |  |  |  |
|  |  |  |  |
|  |  |  |  |
|  |  |  |  |
|  |  |  |  |
|  |  |  |  |
|  |  |  |  |
|  |  |  |  |
|  |  |  |  |
|  |  |  |  |
|  |  |  |  |
|  |  |  |  |
|  |  |  |  |
|  |  |  |  |
|  |  |  |  |
|  |  |  |  |
|  |  |  |  |
|  |  |  |  |
|  |  |  |  |
|  |  |  |  |
|  |  |  |  |
|  |  |  |  |
|  |  |  |  |
|  |  |  |  |
|  |  |  |  |
|  |  |  |  |

| Équipement sur place | Nombre d'unités |
| --- | --- |
|  |  |
|  |  |
|  |  |
|  |  |
|  |  |
|  |  |
|  |  |
|  |  |
|  |  |
|  |  |
|  |  |

| Matériaux livrés | Nombre d'unités | Équipement loué | Taux |
| --- | --- | --- | --- |
|  |  |  |  |
|  |  |  |  |
|  |  |  |  |
|  |  |  |  |
|  |  |  |  |
|  |  |  |  |
|  |  |  |  |
|  |  |  |  |
|  |  |  |  |
|  |  |  |  |
|  |  |  |  |
|  |  |  |  |
|  |  |  |  |

<table>
<tr><th>Autres</th></tr>
</table>

Notes :

Nom du projet :

Contremaître :

| N° du projet : |
| Date : |
| Jour : |

| Visiteurs | Programme |

| Problèmes | Questions de sécurité |

| Résumé du travail |

Signature :

| Employé | Commerce | Heures | Heures supplémentaires |
| --- | --- | --- | --- |
|  |  |  |  |
|  |  |  |  |
|  |  |  |  |
|  |  |  |  |
|  |  |  |  |
|  |  |  |  |
|  |  |  |  |
|  |  |  |  |
|  |  |  |  |
|  |  |  |  |
|  |  |  |  |
|  |  |  |  |
|  |  |  |  |
|  |  |  |  |
|  |  |  |  |
|  |  |  |  |
|  |  |  |  |
|  |  |  |  |
|  |  |  |  |
|  |  |  |  |
|  |  |  |  |
|  |  |  |  |
|  |  |  |  |
|  |  |  |  |
|  |  |  |  |
|  |  |  |  |

| Équipement sur place | Nombre d'unités |
| --- | --- |
|  |  |
|  |  |
|  |  |
|  |  |
|  |  |
|  |  |
|  |  |
|  |  |
|  |  |
|  |  |
|  |  |

| Matériaux livrés | Nombre d'unités | Équipement loué | Taux |
| --- | --- | --- | --- |
|  |  |  |  |
|  |  |  |  |
|  |  |  |  |
|  |  |  |  |
|  |  |  |  |
|  |  |  |  |
|  |  |  |  |
|  |  |  |  |
|  |  |  |  |
|  |  |  |  |
|  |  |  |  |
|  |  |  |  |
|  |  |  |  |

Autres

Notes :

Nom du projet :

N° du projet :

Date :

Contremaître :

Jour :

| Visiteurs | Programme |
|---|---|

| Problèmes | Questions de sécurité |
|---|---|

| Résumé du travail |
|---|

Signature :

| Employé | Commerce | Heures | Heures supplémentaires |
| --- | --- | --- | --- |
|  |  |  |  |
|  |  |  |  |
|  |  |  |  |
|  |  |  |  |
|  |  |  |  |
|  |  |  |  |
|  |  |  |  |
|  |  |  |  |
|  |  |  |  |
|  |  |  |  |
|  |  |  |  |
|  |  |  |  |
|  |  |  |  |
|  |  |  |  |
|  |  |  |  |
|  |  |  |  |
|  |  |  |  |
|  |  |  |  |
|  |  |  |  |
|  |  |  |  |
|  |  |  |  |
|  |  |  |  |
|  |  |  |  |
|  |  |  |  |
|  |  |  |  |
|  |  |  |  |
|  |  |  |  |
|  |  |  |  |

| Équipement sur place | Nombre d'unités |
| --- | --- |
|  |  |
|  |  |
|  |  |
|  |  |
|  |  |
|  |  |
|  |  |
|  |  |
|  |  |
|  |  |
|  |  |

| Matériaux livrés | Nombre d'unités | Équipement loué | Taux |
| --- | --- | --- | --- |
|  |  |  |  |
|  |  |  |  |
|  |  |  |  |
|  |  |  |  |
|  |  |  |  |
|  |  |  |  |
|  |  |  |  |
|  |  |  |  |
|  |  |  |  |
|  |  |  |  |
|  |  |  |  |
|  |  |  |  |
|  |  |  |  |

## Autres

## Notes :

Nom du projet :

Contremaître :

| N° du projet : |
| Date : |
| Jour : |

## Visiteurs

## Programme

## Problèmes

Questions de sécurité

## Résumé du travail

Signature :

| Employé | Commerce | Heures | Heures supplémentaires |
|---|---|---|---|
|  |  |  |  |
|  |  |  |  |
|  |  |  |  |
|  |  |  |  |
|  |  |  |  |
|  |  |  |  |
|  |  |  |  |
|  |  |  |  |
|  |  |  |  |
|  |  |  |  |
|  |  |  |  |
|  |  |  |  |
|  |  |  |  |
|  |  |  |  |
|  |  |  |  |
|  |  |  |  |
|  |  |  |  |
|  |  |  |  |
|  |  |  |  |
| Employé | Commerce | Heures | Heures supplémentaires |
|  |  |  |  |
|  |  |  |  |
|  |  |  |  |
|  |  |  |  |
|  |  |  |  |

| Équipement sur place | Nombre d'unités |
| --- | --- |
|  |  |
|  |  |
|  |  |
|  |  |
|  |  |
|  |  |
|  |  |
|  |  |
|  |  |
|  |  |
|  |  |

| Matériaux livrés | Nombre d'unités | Équipement loué | Taux |
| --- | --- | --- | --- |
|  |  |  |  |
|  |  |  |  |
|  |  |  |  |
|  |  |  |  |
|  |  |  |  |
|  |  |  |  |
|  |  |  |  |
|  |  |  |  |
|  |  |  |  |
|  |  |  |  |
|  |  |  |  |
|  |  |  |  |
|  |  |  |  |

<table><tr><td align="center">Autres</td></tr></table>

Notes :

Nom du projet :

Contremaître :

N° du projet :

Date :

Jour :

| Visiteurs | Programme |
|---|---|

| Problèmes | Questions de sécurité |
|---|---|

## Résumé du travail

Signature :

| Employé | Commerce | Heures | Heures supplémentaires |
|---|---|---|---|
|  |  |  |  |
|  |  |  |  |
|  |  |  |  |
|  |  |  |  |
|  |  |  |  |
|  |  |  |  |
|  |  |  |  |
|  |  |  |  |
|  |  |  |  |
|  |  |  |  |
|  |  |  |  |
|  |  |  |  |
|  |  |  |  |
|  |  |  |  |
|  |  |  |  |
|  |  |  |  |
|  |  |  |  |
|  |  |  |  |
|  |  |  |  |
|  |  |  |  |
|  |  |  |  |
|  |  |  |  |
|  |  |  |  |
|  |  |  |  |
|  |  |  |  |

| Équipement sur place | Nombre d'unités |
| --- | --- |
|  |  |
|  |  |
|  |  |
|  |  |
|  |  |
|  |  |
|  |  |
|  |  |
|  |  |
|  |  |
|  |  |

| Matériaux livrés | Nombre d'unités | Équipement loué | Taux |
| --- | --- | --- | --- |
|  |  |  |  |
|  |  |  |  |
|  |  |  |  |
|  |  |  |  |
|  |  |  |  |
|  |  |  |  |
|  |  |  |  |
|  |  |  |  |
|  |  |  |  |
|  |  |  |  |
|  |  |  |  |
|  |  |  |  |
|  |  |  |  |

# Autres

**Notes :**

Nom du projet :

Contremaître :

N° du projet :

Date :

Jour :

## Visiteurs

## Programme

## Problèmes

Questions de sécurité

## Résumé du travail

Signature :

| Employé | Commerce | Heures | Heures supplémentaires |
| --- | --- | --- | --- |
|  |  |  |  |
|  |  |  |  |
|  |  |  |  |
|  |  |  |  |
|  |  |  |  |
|  |  |  |  |
|  |  |  |  |
|  |  |  |  |
|  |  |  |  |
|  |  |  |  |
|  |  |  |  |
|  |  |  |  |
|  |  |  |  |
|  |  |  |  |
|  |  |  |  |
|  |  |  |  |
|  |  |  |  |
|  |  |  |  |
|  |  |  |  |
|  |  |  |  |
|  |  |  |  |
|  |  |  |  |
|  |  |  |  |
|  |  |  |  |
|  |  |  |  |
|  |  |  |  |
|  |  |  |  |
|  |  |  |  |
|  |  |  |  |

| Équipement sur place | Nombre d'unités |
| --- | --- |
|  |  |
|  |  |
|  |  |
|  |  |
|  |  |
|  |  |
|  |  |
|  |  |
|  |  |
|  |  |
|  |  |

| Matériaux livrés | Nombre d'unités | Équipement loué | Taux |
| --- | --- | --- | --- |
|  |  |  |  |
|  |  |  |  |
|  |  |  |  |
|  |  |  |  |
|  |  |  |  |
|  |  |  |  |
|  |  |  |  |
|  |  |  |  |
|  |  |  |  |
|  |  |  |  |
|  |  |  |  |
|  |  |  |  |

# Autres

Notes :

www.ingramcontent.com/pod-product-compliance
Lightning Source LLC
LaVergne TN
LVHW050651200726
843506LV00010B/1459